厨房里的科学

U0241751

厨房里的生物

微世界大冒险

陈怡萱 编著

石油工业出版社

图书在版编目（CIP）数据

厨房里的生物. 微世界大冒险 / 陈怡萱编著.
北京 ：石油工业出版社, 2024. 12. -- ISBN 978-7
-5183-7157-0

Ⅰ. Q-49
中国国家版本馆CIP数据核字第20249UK211号

厨房里的生物　微世界大冒险

陈怡萱　编著

出版发行：石油工业出版社
　　　　　（北京安定门外安华里 2 区 1 号楼 100011）
网　　　址：www.petropub.com
编 辑 部：（010）64523689
图书营销中心：（010）64523633
经　　销：全国新华书店
印　　刷：北京中石油彩色印刷有限责任公司

2024 年 12 月第 1 版　2024 年 12 月第 1 次印刷
850 毫米 × 1000 毫米　开本：1/16　印张：5.5
字数：61 千字

定价：49.80 元
（如出现印装质量问题，我社图书营销中心负责调换）

前　言

厨房里有什么？你一定会说：有柠檬、菠萝、紫甘蓝，有白醋、食盐、小苏打，有筷子、汤勺、饼干盒，还有热汤、面包、白米饭……

可是，你知道吗：细菌也分好坏？酵母也会吹气球？豆角蔓是攀爬高手？蔬菜水果也能当"医生"？桃子甜甜的果肉居然是果皮？薄薄的面包片上有一个热热闹闹的微世界？我们吃的大米不是稻子的种子，而是稻子的胚乳？

翻开这本书，你就如同走进了一个妙趣横生的科学王国。这里有充满好奇心的牛小顿、知识渊博的怪博士、善良可爱的嘟嘟国王、细致周到的慢吞吞小姐……他们在小小的厨房里，用一个个风趣幽默的故事，为我们呈现出一场场精彩的科学盛宴。

故事中疑点重重，别着急！"生物知多少"板块用生物知识，深入浅出地为你释疑解惑，揭开日常现象中所包含的科学原理。

"厨房是个实验室"板块里，设计了许多富有创意的科学小实验。小实验用到的实验器材都是厨房里的常见物品，轻松可得。科学实验卸下了它的严肃和刻板，变得有趣又亲切。

在这里，厨房不仅仅是烹饪的场所，更是小朋友们爱上科学、探索科学的起点。

目 录

看不见的微世界
微生物

最近，哎哟哟医生诊所里的病人越来越多。到底是谁在人们的身体里捣乱？黑熊警长和牛小顿在急匆匆先生的厨房里看到了什么？微世界里的小家伙们都有哪些特点呢？

春天到了，天气越来越暖和，哎哟哟医生诊所里的病人也越来越多。

"哎哟哟！哎哟哟！"急匆匆先生捂着肚子，疼得直冒汗，"我的肚子里像钻进了个孙猴子，在里面上蹿下跳！"

一边的慢吞吞小姐不停地咳嗽："咳、咳、咳……我……咳……我的胸膛里……一定……咳……一定是进了个琵琶精，在里面乱弹琵琶！"

嘟嘟国王捂着嘴巴，脸色苍白："我的胃里一定是住了群闹哄哄的柠檬怪，闹得酸水直往上冒……"

到底是谁在大家的身体里捣乱？稀奇古怪国人心惶惶。嘟嘟国王忙叫来黑熊警长，让他去查清楚。

"可是，从哪里查起呢？"黑熊警长很茫然。牛小顿提醒黑熊警长："俗话说'病从口入'，很多病和'吃'有关。说到'吃'，肯定离不开厨房……"

"那就从厨房开始查！"黑熊警长迫不及待地跳上摩托车就要走。

"等等我！"牛小顿飞快地跨上摩托车的后座。

黑熊警长和牛小顿先来到急匆匆先生家的厨房。只见厨房的洗菜池里堆着好多脏乎乎的碗筷，旁边扔着满是油污的洗碗海绵，灶台上摆着长满绿毛的面包……黑熊警长一只手捂着鼻子，一只手举着放大镜四处查看了大半天，只发现了一只苍蝇，说道："钻进病人身体里捣乱的，该不会是苍蝇吧？"

"当然不是，苍蝇那么大，怎么能钻得进去呢？"牛小顿猜，"厨房里一定藏着一些很小很小，小到我们用肉眼根本看不见的微生物。"

肉眼看不见还怎么查呀？黑熊警长想了想，有了好办法："听说怪博士新发明了一艘纳米飞行船，人坐上去会变小，不如我们借来用用，到看不见的微世界里去侦查侦查。"

"好哇！"

很快，黑熊警长和牛小顿向怪博士借来了纳米飞行船。他们坐在飞船上，黑熊警长按下操作台上的红色"变小"按钮——

忽地一下，两人和飞船一起变小、变小……他们眼前的事物变大、变大……直到最后，洗碗海绵变成了"摩天大楼"，面包变成了广阔"高原"，洗菜池变成了"汪洋大海"，泡在洗菜池里的脏碗筷变成了一座座"小岛"……

"哇！好壮观的微世界！"坐在副驾驶位置的牛小顿连连惊呼。黑熊警长不动声色地按下了蓝色"飞行"按钮，飞船开始启动飞行。

　　飞船飞到海绵"摩天大楼"上空，只见"摩天大楼"里里外外，万头攒动，热闹非凡。

　　黑熊警长一拉操纵杆，说："我们下去看看。"

　　飞船向下俯冲，最后停在"摩天大楼"前。他俩从飞船上跳下来。牛小顿禁不住感叹道："没想到，这里竟然有这么多微生物！它们都是什么时候来的呀？"

　　"什么时候？"一个站在大厦门口，长相圆鼓鼓，像球一样的保安不服气地拍拍胸脯，"我是球菌保安。我们微生物35亿年前就出现在地球上了，比恐龙还要早很久呢！"

　　"35亿年……"牛小顿吃了一惊，心想："我们人类出现在地球上也就几百万年，和这些微生物一比，简直就是'小字辈'！"

　　球菌保安警惕地上下打量着他们两个："看样子，你们不像我们微世界的成员哦！"

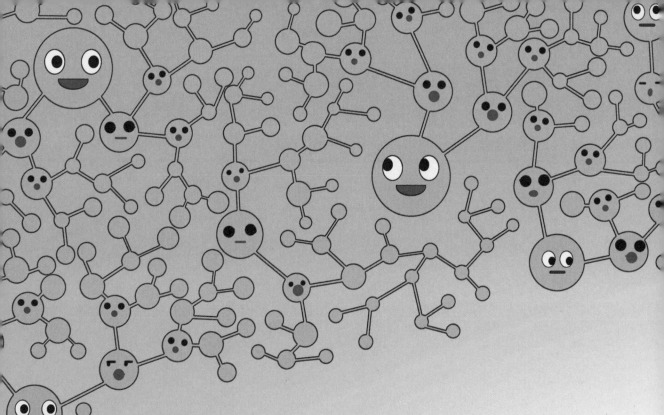

牛小顿忙回应道："我们是来这里参观旅游的。"

"旅游？"旁边一个身材细长的导游听到了，热情地说，"欢迎！欢迎！我是杆菌导游，我先带着你们到大厦里参观参观吧！"

杆菌导游带着牛小顿和黑熊警长走进大厦，大厦里的微生物熙熙攘攘。杆菌导游介绍说："在我们微世界里，主要有细菌、真菌、病毒、放线菌、支原体、衣原体等几个大家族。我们人丁兴旺，数目众多。人类一个小手指头上就生活着好几百万个微生物。"

"好几百万个？"牛小顿惊讶万分：一个小手指头上住着的微生物，竟然比一座城市的人口还多。他忙问："这么多微生物都是从哪里来的呀？"

杆菌导游说："微生物繁殖能力惊人哟！就拿我们细菌家族来说吧，只要环境合适、营养充足，通常20分钟就能分裂一次，1

个细菌变成2个细菌，接着2个变4个，4个变8个……这样下去，24小时内，一个细菌就能分裂成4722366500万亿个细菌。"

"天哪！"牛小顿差点儿惊掉下巴，稀奇古怪国一共才不到2亿人口呢！

看到牛小顿很惊讶的样子，杆菌导游有点儿得意："我们微生物不仅繁殖快，而且胃口还出奇地好，一点儿都不挑食。就这么说吧，世界上几乎没有我们微生物不能吃的东西！大象、鲸鱼、面包、酒精、碎菜渣、烂树叶，甚至石油、矿石、火山灰……我们统统来者不拒。而且我们饭量还很大。比如大肠杆菌，在合适的环境下，每小时就能吃掉相当于自己体重2000倍的糖！"

"2000倍！"牛小顿在心里默默算了算，"我的体重是30千克，我体重的2000倍就是60000千克。如果我的饭量和大肠杆菌一样大，那么，我1小时就能吃掉10头重6吨的非洲象！"

这时，一直默不作声的黑熊警长说了话："这有什么，不管你们怎么吃，吃多少，不还是天天待在小小的厨房里吗？"

"当然不是，"杆菌导游忙摆手，"我们微生物的足迹遍布整个地球！我们当中有些成员不怕热、不怕冷、不怕酸、不怕碱，不怕辐射和高压，也不怕干旱和缺氧。从 1 万米深的海底到 4 万米高的空中，从炎热的赤道到寒冷的冰川，从酒桶醋缸到动物的肚肠……到处都有我们微生物的身影呢！"

"你们微生物本领好大哇！"黑熊警长忍不住对杆菌导游竖起了大拇指。不过，很快，他又一脸严肃，厉声问道："你们是不是经常成群结队地去干坏事？现在稀奇古怪国很多流行病是不是和你们微生物有关？"

"冤枉呀！"杆菌导游连声叫冤，"我们微生物大部分成员都是人类的好朋友，当然，也有一些坏分子对人类有害。对这些败坏微生物名声的坏分子，我们也非常痛恨。"杆菌导游带着他们两个走出大厦，指了指远处一个巨大的铁桶说："那是一罐过期的肉罐头，里面可能藏着不少坏分子，你们去那里找一找吧。希望你们能尽快把那些坏分子捉拿归案！"

告别了杆菌导游，牛小顿和黑熊警长跳上纳米飞行船，向巨大的罐头桶飞去。

生物知多少

　　有这样一群生物，它们很小很小，个子小到需要用显微镜才能看到；它们又很大很大，数目庞大到地球几乎每个角落都有它们的身影。它们是地球上最早的原住居民，对于这些本领高强的小家伙们，人们是爱恨交加。

　　微生物为人类制造出各种各样的美食：腐乳、甜酒、香醋、面包、黄酱……很多美食都离不开它们的帮忙。

　　微生物还为人类制造出无尽的能源：甲烷菌制造沼气、芽孢杆菌能将尿做成电池、嗜热梭菌能用纤维素制作乙醇燃料……

　　不少微生物能"吃掉"残枝败叶、动物遗体、各种污染物，甚至让人们头疼的"白色垃圾"——塑料制品也是它们的美食。它们是地球上最好的"清洁工"。

　　有些微生物还能帮人类制造抵抗疾病的疫苗、抗生素、干扰素、胰岛素等，是守护人类身体健康的"小卫士"。

大多数微生物是人类的"好朋友",可有些微生物却是可怕的"害人精"。比如:肺炎球菌会让人得上肺炎,咳嗽不止;沙门氏菌让人肚子绞痛,上吐下泻;幽门螺杆菌让人恶心反酸;制造瘟疫的病毒让人备受折磨。

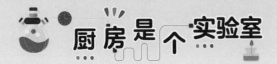

厨房是个实验室

微生物动物园

🔍 **实验准备**

纯净水　无菌棉签　营养琼脂培养基　玻璃杯　小勺　微波炉

隔热手套　2个干净的盘子

🧪 **实验步骤**

（1）往玻璃杯里倒入 100 毫升纯净水。

（2）把 3.2 克营养琼脂培养基倒进水杯，用小勺搅拌均匀。

（3）把液体放进微波炉里大火加热，每隔 1 分钟用小勺搅拌几下，直到营养琼脂完全溶解。

（4）戴上隔热手套，把液体从微波炉里取出，倒进干净的盘子里。

（5）将盘子里的液体静置，等待冷却凝固。

（6）用无菌棉签在门把手、洗菜池、切菜板、灶台等上面擦拭几下。

（7）将棉签在凝固的液体上涂抹。

（8）用另一个干净盘子当盖子，盖在有凝固液体的盘子上。

（9）两天后，打开盖子看，发现盘子里长满了微生物。盘子变成一个微生物"大观园"啦！

平时，我们看不到微生物，但是它们无处不在，比如空气中、门把手、洗菜池、切菜板、灶台、刀具、水杯等到处都有微生物。

微生物很小很小，我们用肉眼看不到，但数以百万计的微生物聚到一起，固定在一个地方生长繁殖，形成菌落，我们就能看到了。不同的菌落经常会有不同的颜色，比如绿脓杆菌的菌落是绿色的，葡萄球菌的菌落是金黄色的。

盘子里长满了不同颜色的菌落，就像一座五颜六色的微生物"大观园"。

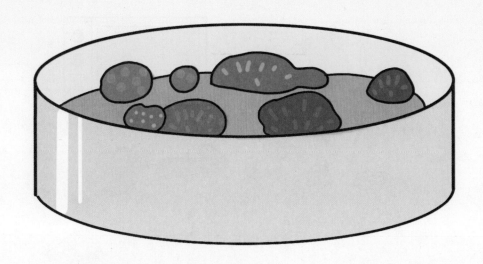

谁是坏细菌
细菌

　　纳米飞行船载着黑熊警长和牛小顿来到过期肉罐头桶边上。这里正在开一场热热闹闹的运动会。是谁在开运动会？他们遇到了谁？他们找到让人们生病的大坏蛋了吗？

"嗡嗡嗡——"纳米飞行船停在过期肉罐头桶边上。黑熊警长和牛小顿从飞船上走下来。

突然，"嘟——"前面传来一声响亮的哨声。不远处有个啤酒盖，就像一个圆形大操场，一群微生物正在啤酒盖操场上开运动会。

啤酒盖上空挂着一排彩色小旗子，小旗子上写着："第 1999 届细菌运动会"。

"细菌运动会，"牛小顿念了一遍，说，"那么，操场上都是细菌咯！"

他们两个走过去，站在操场边上看热闹。

这时，伴随着铿锵有力的音乐声，大喇叭里响起主持人热情洋溢的声音：“现在向主席台走来的是球菌方队。一个个球菌圆鼓鼓的，像一个个充满气的小皮球，神气十足！”

很快，牛小顿有了新发现，他悄悄地告诉黑熊警长：“这些球菌喜欢拉帮结派，而且名字也不一样。瞧！它们的名字都写在胸前的衣服上呢。”

黑熊警长点点头，说：“果然是哎！有的是两个球菌排在一起，叫‘双球菌’；有的是好几个球菌连接在一起，像条项链，名字叫‘链球菌’；有的是好多球菌挤在一起，像是一串葡萄的，叫‘葡萄球菌’；还有四个球菌粘在一起呈正方形的‘四联球菌’，八个球菌堆在一起呈立方体的‘八叠球菌’。”

球菌方队走过，主持人的声音再次响起：“现在走向主席台的是杆菌方队。它们腰杆笔直，挺胸抬头，意气风发！”

球菌

单球菌

双球菌

双球菌

链球菌

四联球菌

八叠球菌

葡萄球菌

牛小顿说："这些杆菌倒不喜欢拉帮结派，不过，它们长相不太一样。"

黑熊警长仔细观察了一下，说："有的杆菌头大，像个大棒槌，叫'棒状杆菌'；有的杆菌矮矮的，小巧可爱，叫'球杆菌'；有的头上像顶了个大树枝，叫'分枝杆菌'；有的像链子一样排列在一起，叫'链杆菌'。哈哈！后边那个杆菌最有个性，它的头顶分叉，像个双头怪，叫'双歧杆菌'。"

接着，走过主席台的是弯腰弓背的弧菌方队和弯弯曲曲像弹簧一样的螺旋菌方队。

方队走完，主持人宣布："第1999届细菌运动会，现在开始！"话音刚落，几个方队迅速散开，顿时操场上热闹起来。

分枝杆菌

双歧杆菌

链杆菌

棒状杆菌

球杆菌

弧菌

螺旋菌

黑熊警长趁大家不注意，快步走到正要参加百米赛跑的双歧杆菌跟前，一把拉住它的一只胳膊，厉声道："我是黑熊警长，请跟我走一趟！"

　　"为什么呀？"双歧杆菌感到奇怪。

　　黑熊警长黑着脸说："因为你们细菌总喜欢害人，让人生病难受。"

　　"你不会以为细菌都是大坏蛋吧？"双歧杆菌拍拍胸脯，"我们双歧杆菌可是对人体有益的好细菌呀！"

　　"有什么益处呢？"牛小顿好奇地问。

　　"我们双歧杆菌进入人体肠道，可以抑制坏细菌的生长繁殖。"双歧杆菌笑着说，"另外，我们能在肠道里合成好多种维生素；能调节肠道功能，预防腹泻；还能抵抗衰老，增强免疫力……反正，我们的功能可大着呢！"

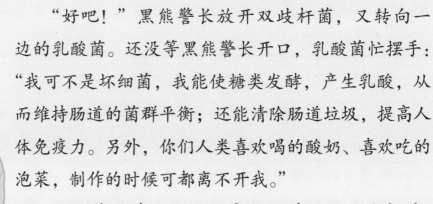

"好吧！"黑熊警长放开双歧杆菌，又转向一边的乳酸菌。还没等黑熊警长开口，乳酸菌忙摆手："我可不是坏细菌，我能使糖类发酵，产生乳酸，从而维持肠道的菌群平衡；还能清除肠道垃圾，提高人体免疫力。另外，你们人类喜欢喝的酸奶、喜欢吃的泡菜，制作的时候可都离不开我。"

乳酸菌说着又指了指旁边站着的另一个杆菌，向黑熊警长介绍："它叫醋酸菌，可以把酒精氧化成醋酸，你们人类喜爱的调料醋，就是它们醋酸菌的杰作哦！"

黑熊警长挠挠头，犯了难："你们都是好细菌，那谁是坏细菌呢？"

不知道什么时候，牛小顿顺着长长的梯子，爬到了肉罐头顶上。他把手拢成个小喇叭，对着下面的黑熊警长大声喊："快来看呀，罐头里有气泡！"

　　黑熊警长赶忙爬上罐头桶，罐头盖是打开的，他们趴在罐头边沿上，探头往下看。只见罐头的汤水里咕嘟嘟冒出几个气泡。

　　黑熊警长喊道："谁在肉汤里吐泡泡？"

　　"是我们，甲烷菌。"一群小脑袋浮上来，"我们在享用大餐呢！像这些残汤剩饭，还有杂草、树叶、秸秆，甚至动物粪尿和垃圾，都是我们的美味佳肴。"

　　"你们一边吃一边吐，把肉汤都给弄脏了。你们一定是坏细菌！"黑熊警长有点儿生气地指责它们。

　　"我们吐出来的不是脏东西，而是甲烷！在缺氧的环境中，我们甲烷菌能把有机废物转化成有用的甲烷。"甲烷菌们争着说，"你们不知道吧，甲烷可是一种清洁能源呢，可以当作燃料来点灯、做饭、取暖。"

　　牛小顿忍不住赞叹道："你们本领可真大，竟然能变废为宝。"

　　黑熊警长说："我们遇到的都是好细菌，看来，根本就没有什么坏细菌。大家生病跟细菌没什么关系……"

"不！不！不！"甲烷菌连连摇头，它们向上指了指，"瞧！卷起的罐头盖子后面藏着好多坏细菌：有杀人不见血的肉毒杆菌，它们产生的肉毒毒素毒性非常强，人在中此毒后，会出现全身无力、头疼眩晕、呼吸困难、言语不清等症状；有金黄色葡萄球菌，它们可以引起人的局部感染化脓，也可以引起肺炎、伪膜性肠炎，甚至败血症、脓毒症等全身感染；有绿脓杆菌，它们能引起皮肤和皮下组织感染、呼吸道感染、尿道感染，甚至败血症。另外，还有能引起伤寒的伤寒杆菌，能引发霍乱的霍乱弧菌，能引起肺结核的结核分枝杆菌，能引起胃病、让人口臭难闻的幽门螺杆菌……"

　　听了甲烷菌的话，牛小顿开心地一拍手："哈哈！终于找到这些罪魁祸首们啦！"突然，他发现几个细长的杆菌正从罐头盖后面，探头探脑地往外看。

　　"瞧！那就是可怕的鼠疫杆菌！"一个眼尖的甲烷菌叫起来，"它们能引起号称'黑死病'的鼠疫！"

另一个甲烷菌说："昨天晚上，一只大老鼠来偷吃罐头，老鼠走后，它身上不少鼠疫杆菌就掉到了罐头上，真可恶！"

"走！我们去把它们捉拿归案！"黑熊警长从口袋里掏出一根带钩的长绳子，他把绳子往上一扔，绳子头上的铁钩正好钩在罐头拉环上。黑熊警长和牛小顿顺着绳子，爬上了罐头盖。

他们两个在罐头盖上刚刚站稳，这时，一只大手从天而降，抓住罐头盖的拉环使劲儿一拉。

"哎呀呀！"牛小顿摇摇晃晃，大声叫道，"糟糕！一定是急匆匆先生回来了！"

"快！跳！"黑熊警长抓紧牛小顿的手，奋力一跳，跳到了急匆匆先生手上。

大手拿着拉下来的罐头盖，放到水龙头下一冲——哗啦啦！一群群坏细菌立刻被水冲得无影无踪，罐头盖变得干干净净了。

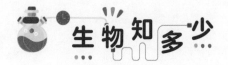

生物知多少

当你呱呱坠地，来到这个世界上时，一群热情的小家伙正成群结队地赶来迎接你。仅仅几秒钟后，它们就跳上你的皮肤、钻进你的肠胃，在你的身体上狂欢。也许你不知道，单单是你的嘴巴里，这群小家伙的数量就比整个地球上的人数还多！

这群小家伙就是细菌。

细菌是一种原核生物，它的结构很简单，就像鸡蛋一样。细胞壁像鸡蛋壳，保护着细菌的内部。细胞膜像鸡蛋壳里包裹着蛋清和蛋黄的薄膜，细胞内外物质的进进出出都由它来把关。细胞质像蛋清，是一团黏稠的胶状物，是细菌的"生产车间"和"大仓库"。核质体像鸡蛋的蛋黄，里面藏着细菌的遗传密码。

有的细菌长着长长的鞭毛，鞭毛像细菌的腿一样，帮助细菌移动；有的细菌身上长着短短的菌毛，菌毛就像苍耳的短刺一样，帮助细菌牢牢地黏附在别的物体上；有的细菌外面还穿着像防弹衣一样的荚膜。

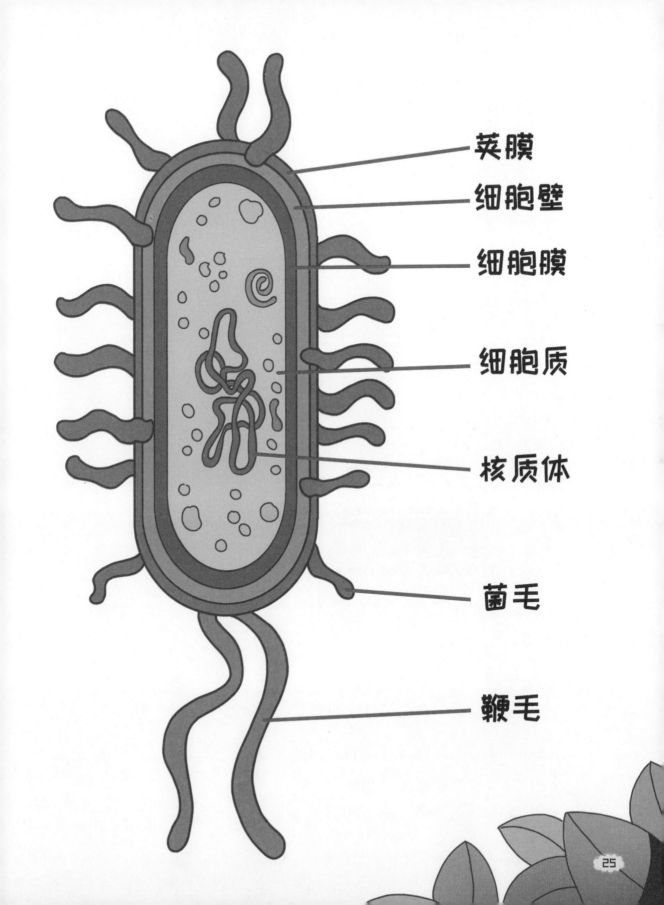

荚膜

细胞壁

细胞膜

细胞质

核质体

菌毛

鞭毛

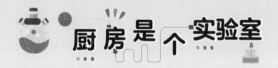

厨房是个实验室

自制酸奶

🔍 **实验准备**

带盖玻璃瓶　牛奶　酸奶　小勺　烤箱　无菌手套

🧪 **实验步骤**

（1）清洗双手，戴上无菌手套。

（2）把玻璃瓶、瓶盖和小勺放进沸水里，高温杀菌。

（3）把牛奶倒进无菌玻璃瓶中。

（4）在牛奶中，倒入约为牛奶总量十分之一的酸奶。

（5）用小勺把牛奶和酸奶搅拌均匀。

（6）拧紧瓶盖，放入烤箱，调到 40 摄氏度恒温发酵。

（7）8 小时后，取出玻璃瓶。

（8）打开瓶盖，取一小勺牛奶，发现整瓶牛奶变浓稠，尝一尝有酸味儿。加入蜂蜜或白糖，味道会更好。

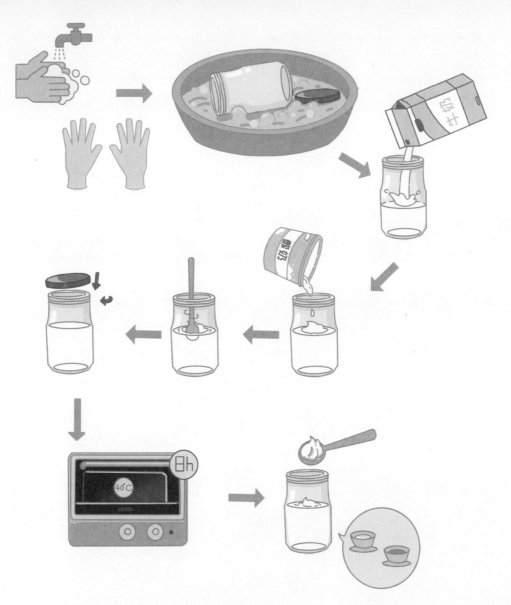

牛奶中含有乳糖，酸奶中有大量活着的乳酸菌。牛奶中的乳糖可是乳酸菌最爱的甜点哦！

乳酸菌可以将牛奶中的乳糖转变成葡萄糖和半乳糖。葡萄糖经过乳酸菌的无氧发酵，产生乳酸，使牛奶变酸。在酸性环境中，牛奶的主要成分——酪蛋白会大量凝聚沉淀，牛奶就变成又酸又稠的酸奶了。

另外，乳酸菌可以分解酪蛋白，产生容易被人体吸收的小分子肽和氨基酸，而且乳酸菌还能抑制坏细菌的生长、改善胃肠道功能等。所以，酸奶的营养价值非常高。

小提示

将酸奶作为菌种的时候，要选活菌型酸奶，就是超市里的冷藏酸奶。当然，也可以直接用菌粉来当菌种。

微世界大冒险
超级细菌

在急匆匆先生的手指甲缝里，黑熊警长和牛小顿经历了一场大冒险。面对一群坏细菌，黑熊警长举起了抗生素喷雾。接下来，发生了什么？坏细菌有没有被全部消灭呢？

将罐头盖清洗干净后，急匆匆先生又把手放到水龙头下。

"不好！"牛小顿吓了一跳，"急匆匆先生一洗手，我们就会被冲进脏乎乎的下水道，我可不会游泳！"

"别怕！快躲起来！"黑熊警长拉着牛小顿的手，迅速钻进急匆匆先生的指甲缝里。他知道急匆匆先生不爱剪手指甲，而且洗手也只是马马虎虎地冲几下。

果然，躲在指甲缝里很安全。

"瞧！他洗完手了。"旁边传来一个细细的声音，很快又响起一阵欢呼声。牛小顿和黑熊警长这才发现，指甲缝里还躲着密密麻麻的一大群细菌。

细菌也发现了他们两个。一个又大又圆的金黄色球菌得意洋洋地自我介绍："我是大名鼎鼎的金黄色葡萄球菌。我本领高强，能让人咳嗽不止、感染化脓，还能引发食物中毒呢。"

金黄色葡萄球菌话音刚落，一个细长的杆菌不服气地说："这有什么，我肉毒杆菌本领更大，简直让人闻风丧胆……"

"我幽门螺杆菌本领最大！"

"要论本领强，我霍乱弧菌可是'无菌能比'！"

细菌们吵吵嚷嚷。牛小顿又惊又喜："哇！这不正是我们要找的坏细菌嘛！"

"坏细菌？"听牛小顿这么一说，众细菌立刻停止争吵，过了几秒钟，金黄色葡萄球菌警惕地厉声问道："你们是谁？是不是来打探我们消息的间谍？"

听金黄色葡萄球菌这么一说，其他细菌都把眼睛瞪得溜圆，张牙舞爪地围过来，恶狠狠地大声嚷嚷道："吃掉他们，吃掉他们！"

牛小顿吓得捂住眼睛。

"别怕！我有这个——"黑熊警长不慌不忙地从口袋里掏出一个小瓶子，"幸好，我带了一瓶抗生素喷雾，这可是专门对付细菌的超级武器！"说着，他举起抗生素喷雾，对着坏细菌们轻轻一喷，"噗——"。

顿时，坏细菌们应声倒地，一动不动。

"哇！抗生素出手，坏细菌一个不留！"牛小顿赞叹不已。

"吹牛！"地上传来一个声音，一个细细长长的坏细菌从地上爬起来，"瞧！我不是活得好好的嘛。"

"还有我！"

"还有我！"又有几个坏细菌接二连三地站了起来。

"怎么回事？"黑熊警长脸色都变了，他看了看手里的抗生素喷雾，"难道这些抗生素失灵了？"

"不是抗生素失灵了，是我们的本领更强了！"那个细细长长的坏细菌得意地一拍胸脯，"我们是有耐药性的超级细菌！一瓶小小的抗生素喷雾根本威胁不到我们！"

牛小顿吓得连连后退，问："你们超级细菌的耐药本领是从哪里来的呢？"

"说来话长……"那个细细长长的坏细菌喜欢炫耀，它说，"我们超级细菌的耐药本领是自然演化来的。我们为了生存，不得不努力寻找打败竞争对手的方法。在和对手战斗的过程中，一些细菌的基因发生了突变，而且这个突变正好能抵御抗生素的攻击，于是，这些细菌在战斗中活了下来，并且把'能抵御抗生素'的突变遗传给了下一代，下一代一出生就有了耐药性。"

另一个圆鼓鼓的坏细菌幸灾乐祸地说："你们使用抗生素，虽然能

杀死很多坏细菌，但同时也会杀死很多好细菌哦！而且，你们滥用抗生素会迫使我们不停地投入战斗，更快地演化出耐药性，诞生出更多的超级细菌。因为——"

超级细菌们异口同声地喊起了口号："那些杀不死我们的，终将让我们变得更强大！"它们一面大喊，一面向黑熊警长和牛小顿扑过来。

"好可怕呀！"牛小顿眼前仿佛出现了一幅悲惨的画面：一个被超级细菌感染的病人，奄奄一息地躺在病床上，所有抗生素都对他起不到丝毫作用，所有医生都束手无策。

"别胡思乱想了，快跑！"黑熊警长迅速拉住牛小顿的手，从急匆匆先生的指甲缝里逃出来，跳上了纳米飞行船。

黑熊警长驾驶着飞船从厨房的窗口飞出去，一直飞呀飞，最后降落在怪博士家的院子里。他按下"恢复"按钮，飞船慢慢变大，两人也跟着一起慢慢变大，最后，变回了原来的模样。

他们把刚才的经历告诉了怪博士。牛小顿问："细菌到底是好是坏呢？"

"有好细菌，也有坏细菌，还有一种不好不坏的细菌，"怪博士说，"这种不好不坏的细菌就像'墙头草'一样，当身体内的好细菌生机勃勃时，这些'墙头草'细菌就变成好细菌，帮助人们改善身体状况；当身体内的好细菌营养不良，或者身体里的坏细菌过多时，这些'墙头草'细菌就变成坏细菌，损害人的身体健康。"

牛小顿很好奇："细菌里竟然还有这样的'两面派'？"

"对！比如我们肠道里有许许多多的大肠杆菌，"怪博士说，"绝大部分大肠杆菌是对人体有益的，它们会帮助消化食物，制造维生素 K，防止肠道中坏细菌的生长。但是，当人体免疫力降低，尤其是滥用抗生素时，那些被压制的条件致病性大肠杆菌就会发起反攻，这时，人们就会肚子疼、拉肚子。"

"滥用抗生素？"牛小顿听到这几个字，突然想起了那些可怕的超级细菌，他问，"是不是不能吃抗生素呀？否则会变异出很多耐药性的超级细菌！"

这时，急匆匆先生捂着肚子、弓着腰，急匆匆地从怪博士家门前走过。听到牛小顿的话，他气急败坏地嚷嚷道："哎呀呀！这几天我上吐下泻，刚吃了一天抗生素，看来不能再吃了，真是浪费！"

　　"不！不！不！"
怪博士忙摆手，"抗生
素不是不能吃，而是不
能乱吃，要听医生的叮嘱，
对症、足量、足疗程地吃。可
千万不能药量不够，比如医生让吃三
天，你偏偏只吃一天就停药，或者医生让
每天吃两片抗生素，你却只吃一片。这样不仅
不能消灭坏细菌，反而还让它们增强了抗药性。"

　　"好吧。"急匆匆先生又急匆匆地往家跑。

　　"等一等！"牛小顿和黑熊警长一起叫住急匆匆先生。

　　"什么事？"急匆匆先生扭头问。

　　"回家吃药前，先打扫下卫生，尤其是厨房，"他俩不放心地叮嘱
急匆匆先生，"记得饭后立刻洗碗，洗碗海绵要定期消毒，瓜果蔬菜
要洗干净再吃，饭前便后要洗手……还有，洗手一定要仔细，指甲盖
也别放过啊……"

　　"哎呀呀！知道啦！知道啦！"急匆匆先生不耐烦地应付了两声，
急匆匆地跑了。

牛小顿和黑熊警长面面相觑，无可奈何地摇摇头："唉！坏习惯不改，他肚子疼的毛病可不容易好哇！"

20 世纪初，英国科学家弗莱明发现青霉素能杀灭细菌。这是 20 世纪最伟大的发现之一！接着，链霉素、金霉素、土霉素等各种抗生素相继问世。在和坏细菌的战斗中，人类终于取得了阶段性胜利。

但是，在人菌大战中，坏细菌也不是坐以待毙，它们就像一个个久经沙场的"变形金刚"，不断变异，慢慢地对各种抗生素产生了抗药性。这些对多种抗生素具有抗药性的细菌，叫超级细菌。

超级细菌的出现，让人类同细菌的战斗变得更加艰难。比如，20 世纪 40 年代，刚开始使用青霉素时，面对最严重的细菌感染，病人只要每天注射 10 万单位青霉素就能见效。可现在，成年病人对付

超级细菌

细菌感染，每天需要注射约 100 万单位的青霉素才能起作用。

除了抗生素，坏细菌的克星还有很多，比如巴氏灭菌法、酒精、紫外线、高温高压、消毒液等。

巴氏灭菌法

在食品保存时，人们很早就知道高温可以杀菌。可是，温度太高会破坏食品中的营养物质和食品原有的风味。19 世纪中期，法国微生物学家巴斯德经过反复研究，发现将啤酒温度加热到 50℃～60℃，保持 30 分钟，可以杀死很多致病菌。后来，人们把这种低温杀菌的方法叫"巴氏灭菌法"。

巴氏灭菌法可以杀灭食品里的病菌，又能保持食品原有的色、香、味，所以在牛奶、酸奶、果汁、啤酒等发酵产品中广泛应用。不过缺点是存储和运输时需要冷藏，保质期也比较短。

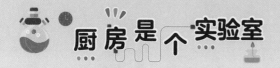

手上有什么

🔍 实验准备

密封袋3个　面包3块　无菌手套　洗手液或肥皂

🧪 实验步骤

（1）在3个密封袋上，分别标号：①、②、③。

（2）手上戴无菌手套。

（3）取一块面包，用手在面包上来回搓几下，将面包装进①号密封袋，封好袋口。

（4）摘下手套，用手直接取一块面包，在面包上搓几下，将面包装进②号密封袋，封好袋口。

（5）按正确洗手方法，把手清洗干净，并用干净的一次性纸巾擦干。

（6）用洗干净的手，取一块面包，在面包上搓几下，将面包装进③号密封袋，封好袋口。

（7）一个星期后，观察3个密封袋里的面包。发现②号密封袋里的面包长满了菌落，①号和③号密封袋里的面包几乎没什么变化。

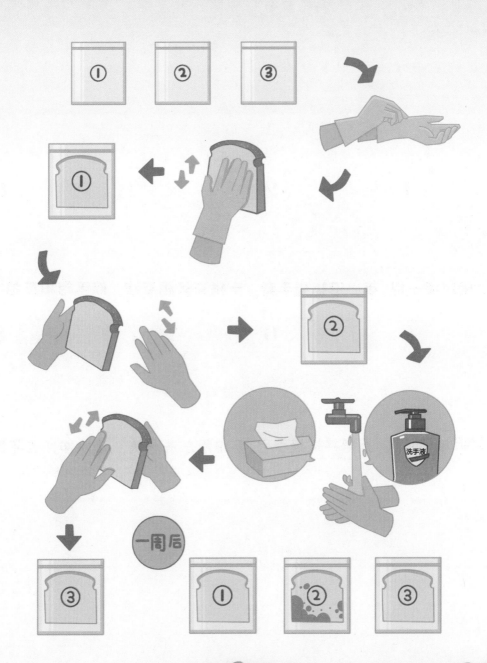

阻止坏细菌传播或进入身体，最简单的方式就是勤洗手。洗手前，要先用水把手打湿，然后涂上洗手液或肥皂。洗手液和肥皂能有效杀死许多细菌，还能分解手上的油脂，让藏在油脂里的细菌也被水统统冲洗掉。

正确洗手方法如下：

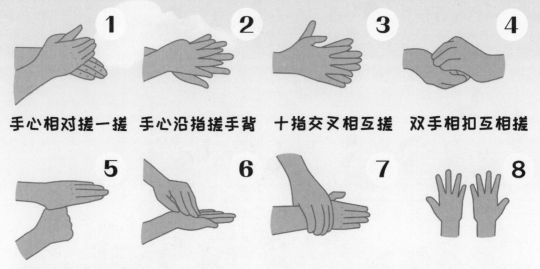

1 手心相对搓一搓	2 手心沿指搓手背	3 十指交叉相互搓	4 双手相扣互相搓
5 握紧拇指旋转搓	6 五指并拢搓手心	7 手腕别忘洗一洗	8 清水冲冲真干净

哎呀！发霉了

霉菌

　　稀奇古怪国的"洗刷刷"节到了，家家户户都忙着洗洗刷刷。大家都开始翻箱倒柜，这时，很多人发现了一件奇怪的事。是什么事呢？为什么会发生这样的怪事呢？发了霉的食物还能不能吃？霉菌是不是全都是大坏蛋呢？

稀奇古怪国的"洗刷刷"节到了，家家户户都忙着洗洗刷刷。

胖公主翻箱倒柜，想把柜子最里面的衣服翻出来洗干净。刚翻到一半，胖公主一声尖叫："哎呀！衣服发霉了！"

慢吞吞小姐从鞋柜里掏出一双好几年没穿过的皮鞋，她拎着皮鞋叫起来："哎呀！皮鞋发霉了！"

急匆匆先生正在推书柜，他想把书柜后面的墙壁和下面的地板彻底清扫一遍。不料书柜被推开后，急匆匆先生急得直嚷嚷："哎呀！墙壁发霉了！地板发霉了！"

"哎呀！书发霉了！"

"哎呀！桌子发霉了！"

"哎呀！扫帚发霉了！"

"哎呀！抹布发霉了！"

"哎呀！米饭发霉了！"

　　　　　……

稀奇古怪国到处响起"哎呀！发霉了"的声音。

怪博士走到牛小顿家门前，听到牛小顿正在厨房里叫："哎呀！面包发霉了！蛋糕发霉了！桃子发霉了！苹果发霉了！剩饭剩菜发霉了……都发霉了！"

接着，牛小顿自言自语："这个大苹果和大桃子只发霉了一点点，扔掉怪可惜的。我可不能浪费，把发霉的地方切掉，照样可以吃。"

"不能吃，不能吃！"怪博士急忙冲进厨房，拦住牛小顿，"东西发霉是霉菌在捣乱！这个苹果里面已经长满了霉菌，不能吃了。"

"霉菌？"牛小顿很奇怪，"前几天，我把苹果放在盘子上的时候，明明洗得干干净净，哪里来的霉菌呢？"

怪博士说："霉菌开始只是一粒小小的孢子……"

"哇！包子？"牛小顿变得很兴奋，"我最爱吃包子啦！是猪肉大葱馅儿的，还是韭菜鸡蛋馅儿的？"

怪博士哭笑不得："我说的'孢子'可不是你爱吃的'包子'！我说的'孢子'就像是霉菌的种子。这些孢子很小也很轻，一阵风、一片树叶、一粒灰尘、一只小飞虫都是它们的'大飞机'，它们搭乘着这些'大飞机'到处旅行，去寻找水和食物。"怪博士说着，向厨房四周看了看，"这些孢子不挑食，面包、蛋糕、水果、剩饭剩菜，甚至衣服、鞋子、墙壁、地板等，都是它们的美味佳肴。不过，它们最喜欢湿乎乎的甜食。"

牛小顿看了一眼发霉的桃子和蛋糕，

笑了："看来，我的桃子和蛋糕是孢子的最爱咯！"

"没错！"怪博士点点头，接着说，"找到食物和水，孢子开始安营扎寨。它悄悄地把菌丝插进食物。很快，菌丝长出越来越多的根系，深深地扎进食物里。扎好根以后，孢子便开始大吃大喝，很快就生长成一株霉菌。许许多多霉菌密密麻麻地站在一起，就是我们看到的红色、绿色、黄色、黑色、白色的绒毛了。"

"我知道啦！"牛小顿说，"当我们看到食物表面长毛发霉时，其实，霉菌的菌丝早就深入到食物里，产生的毒素也已经释放到食物中了。这时，把食物表面的霉菌去掉，或者把有霉菌的一部分切掉都不管用，因为食物里面已经布满了密密麻麻的菌丝，充满了菌丝产生的

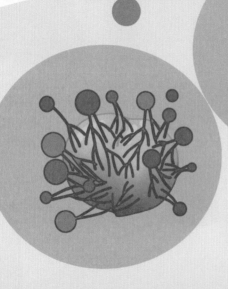

毒素。如果吃进肚子里，只能……"说到这里，牛小顿假装难受的样子，捂着肚子，嘻嘻笑着叫道："哎哟！哎哟！肚子好疼！"

怪博士并没有笑，而是严肃地说："有些霉菌吃进肚子里，可不仅仅是肚子疼这样的小毛病。比如一种叫'黄曲霉'的霉菌，它喜欢在

潮湿的玉米、花生、核桃等谷物和坚果里生长繁殖。黄曲霉能产生黄曲霉毒素，毒性非常大，而且一般的加热也不能把毒素除掉。黄曲霉毒素会让人呕吐不止、肝脾肿大，甚至生很严重的病，导致死亡。"

怪博士边说，边帮牛小顿把发霉的面包、蛋糕、桃子、苹果……统统扔进了垃圾桶。

"这些霉菌好可怕呀！"牛小顿说，"怪博士，不如您发明一种药水，把霉菌统统消灭掉吧！"

"那可不行，"怪博士忙摆手，"虽然霉菌经常捣乱，但是，它们还帮人类做了不少好事，甚至救了许许多多人的生命呢！"怪博士拿起一瓶酱油，说："霉菌是出色的酿造大师，酿造酱油和酒都离不开它们。比如，在酿造酱油时，一种叫'米曲霉'的霉菌能把粮食中的蛋白质分解成氨基酸，把碳水化合物分解成单糖。"

"霉菌还是超级美食家，为人们制造出各种各样的美味。比如，腐乳、豆豉、甜面酱等。"怪博士说着，端起一瓶红腐乳给牛小顿看，"这就是一种名叫'红曲霉'的霉菌的杰作。红曲霉产生的水解酶通过分解大豆中的营养物质，产生了腐乳特有的鲜美风味。

"霉菌还是地球的清道夫。它们能把枯枝败叶分解成简单的化合物，这些化合物还能让土壤变得更肥沃。如果没有霉菌，地球早就被堆积如山的落叶和垃圾埋住了。

　　"霉菌还是救死扶伤的医生。1928 年，一个偶然的机会，英国科学家弗莱明发现，一种叫'青霉菌'的霉菌分泌的青霉素有杀灭细菌的作用，从此开启了抗生素的黄金时代。刚开始的时候，青霉素产量太低，供不应求，于是，人们想尽办法寻找产量高的新菌株，后来，在一家杂货店的哈密瓜上，终于找到了产量更高的青霉菌株，青霉素才得以大批量生产。青霉素能杀灭链球菌、葡萄球菌、淋球菌、脑膜炎球菌等，挽救了无数被细菌感染的病人生命。

　　"霉菌还是农民的好帮手。比如一种名叫'白僵菌'的霉菌，是天生的昆虫杀手。这种霉菌的孢子会分泌溶解角质层的酶，让它们能够直接穿透昆虫的外皮，然后，在昆虫体内安家落户，大吃大喝，疯狂生长。最后，昆虫死亡，白僵菌长出昆虫体外，看上去，就像昆虫长了一层白毛一样。于是，农民们经常用白僵菌来消灭害虫，高效又环保。"

牛小顿听得入了迷。

"这么说，霉菌简直是人类的大功臣呢！既然不能把霉菌统统消灭，那么……"他看了看垃圾桶里发霉的面包、蛋糕、苹果、桃子，问怪博士，"怎样防止这些东西发霉呢？"

"很简单，"怪博士微微一笑，说，"开窗常通风，室内要干净！"

霉菌是一种真菌。常见的真菌有霉菌、酵母菌和蘑菇等。

霉菌是一些丝状真菌的俗称，它种类繁多，比如青霉菌、曲霉菌、根霉菌、毛霉菌等。

霉菌是由非常细的菌丝组成的。许许多多菌丝互相交错，织成一张大网，有的像绒毛，有的像棉絮，有的像蜘蛛网，被人们叫作"菌丝体"。

霉菌是靠小小的"孢子"来传宗接代的。霉菌五颜六色，有白色、绿色、灰色、黑色等。它们的颜色主要是由孢子或装孢子的"孢子囊"颜色决定的。

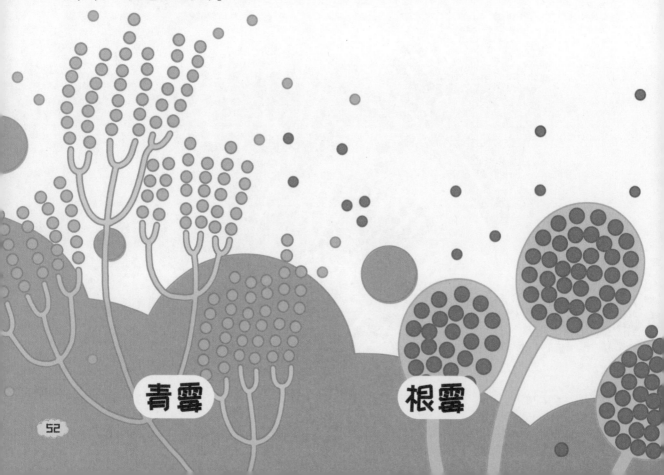

青霉

根霉

不同霉菌的孢子形态也不一样。

让酱油表面发白的白地霉菌，它的菌丝产生横膈膜，并在横膈膜处断裂形成一串像糖葫芦一样的孢子，叫"节孢子"。

制作美味豆豉的毛霉菌，其菌丝顶端细胞膨大形成一个球一样的"孢子囊"，孢子都装在这个"孢子囊"里，叫"孢囊孢子"。

引起花生发霉的曲霉菌，是顶端膨大成囊，囊上长出许多小梗，梗上长着成串的孢子，叫"分生孢子"。

制造青霉素的大功臣——青霉菌，它的孢子也是"分生孢子"，但形状却像一把大扫帚。

小孢子成熟后，孢子囊就破裂了，小孢子便像蒲公英的种子一样，飞向四面八方。

曲霉

毛霉

厨房是个实验室

霉菌乐园

🔍 实验准备

面包3片　烤箱　喷水瓶　锡纸盒3个　保鲜膜　无菌手套

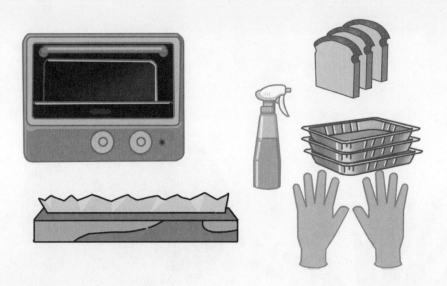

🧪 实验步骤

（1）双手戴上无菌手套。

（2）把一片面包放进烤箱烘烤到发干，取出后放进锡纸盒。

（3）在另外两片面包表面喷水，使其变湿润，然后分别放进锡纸盒。

（4）在空气中暴露10分钟，然后，把三个锡纸盒用保鲜膜密封好。

（5）把装湿面包的其中一个锡纸盒放进冰箱冷藏，另外两个锡纸盒放到温暖处。

（6）每天观察三个锡纸盒里面包的变化。

（7）三天过后，温暖处的湿面包开始发霉，另外两盒面包没有发霉。

　　尽管我们平时看不到霉菌的孢子，但实际上这些微小的孢子就飘浮在空中。它们在锡纸盒被密封之前，就已经落到了面包上。几天后，小孢子萌发生长，霉菌就出现在面包上了。温暖又潮湿的食物是霉菌的乐园，在温暖潮湿的环境里，霉菌长得飞快。所以，及时把食物密封好、放冰箱冷藏、室内常通风、保持干燥、多晒太阳……能让你远离霉菌的骚扰。

厨房里的大功臣
酵母菌

稀奇古怪国第 100 届美食节即将开幕啦！大家为了美食节，制作出了各种各样的美味食品。这些美食里都用到了谁？谁是厨房里最会制作美食的大功臣呢？

美食节开幕的这一天，家家户户的厨房里都冒出一阵阵香喷喷、甜丝丝的味儿。

在美食节上，人们会带来自己最拿手的美食，让大家品尝。

牛小顿兴冲冲地走在大街上，他东看看、西闻闻，走到慢吞吞小姐家门前时，看到慢吞吞小姐正在厨房里忙碌。

只见慢吞吞小姐挽起袖子，正拿着筷子用力搅拌玻璃碗里的鸡蛋液。接着，她又往打散的鸡蛋液中倒入一盒鲜牛奶、一小包白砂糖，又加了几勺盐。

看到牛小顿，慢吞吞小姐忙喊他过来帮忙："请帮我把那袋酵母粉倒进来。我要为第100届美食节，做100个大面包！"

牛小顿走进厨房，洗完手之后，从灶台上拿起一小袋酵母粉，倒进玻璃碗里。慢吞吞小姐又开始用力搅拌起来。

牛小顿好奇地问："鸡蛋、牛奶、糖和盐，会让面包变得营养丰富、香甜可口。可是，酵母加进去，有什么用呀？"

"酵母的用处可大着呢！做面包，没有酵母可不行。"慢吞吞小姐

停止搅拌，把玻璃碗放在灶台上。然后，她拿起一袋面粉，把面粉倒进面盆，接着，她又把玻璃碗里的液体倒在面粉上，最后加入黄油。她一面使劲儿和面，一面笑悠悠地说："等一会儿你就知道了。"

揉啊揉，揉啊揉，一个光溜溜的大面团揉好了。

慢吞吞小姐在装着面团的盆上盖好盆盖。

半小时后，慢吞吞小姐取下盆盖。"哇！"牛小顿看着盆里的面团，忍不住欢呼起来，"面团变大了！好神奇呀！"刚才只有半盆大小的面团，现在已经把面盆塞得满满的。

用手指按一按面团，软软的，很蓬松，里面充满了大大小小的气泡。

"这可都是酵母的功劳哟！刚才我们休息的时候，酵母正在面团里奋力工作，它们在有氧的情况下，将面团中的糖类物质分解成二氧化碳和水。生成的二氧化碳气体把面团撑出一个个小气泡，让面团变得又大又蓬松。"慢吞吞小姐把软软的大面团取出来，放到案板上揉啊揉，面团又重新变小了。她对牛小顿说："现在，我们可以做各种形状的面包啦！"

牛小顿切下一小块面团，搓成长条，兴冲冲地拿给慢吞吞小姐看："瞧！我做的小蛇面包。"慢吞吞小姐笑悠悠地拿来两粒葡萄干，做小蛇的眼睛。

他们两个一起做小鸟面包、鲤鱼面包、大象面包、麻花面包……最后，慢吞吞小姐把做好的面包，放到烤盘上。

牛小顿刚要把烤盘放进烤箱，慢吞吞小姐拦住他，不慌不忙地说："再等十分钟。"

十分钟后，烤盘里的面团在酵母菌的作用下，又重新变胖了。慢吞吞小姐用刷子在面包上刷上一层蛋液，接着把烤盘放进烤箱，按下烤箱开关。

不一会儿，面包烤好了，松松软软的，又香又甜！

"真好吃，真好吃！"牛小顿吃着面包走在大街上。经过急匆匆先生家门前时，他看

到急匆匆先生正搬着一个大木桶往三轮车上放。

牛小顿忙跑过去帮忙，他好奇地问："这桶里装的是什么呀？"

"这是我为第 100 届美食节，用糯米饭制成的 100 斤甜米酒。"急匆匆先生说着，打开桶盖，立刻一股醇香扑鼻。

"好香哇！"牛小顿深吸一口气，问，"你是怎么样把平平常常的糯米饭，变成香气浓郁的甜米酒的呢？"

"这都是酵母菌的功劳，"急匆匆先生说，"我在糯米饭中加入了甜酒曲，再将它们密封好。甜酒曲主要是由酵母菌和根霉菌组成的。其中，根霉菌负责把淀粉分解成单糖；酵母菌在密封缺氧的情况下，把这些糖分解成二氧化碳和酒精。于是，香香甜甜的米酒就做成啦！"

急匆匆先生说完，骑上三轮车，载着甜米酒就往举办美食节的稀奇古怪广场去了。

牛小顿也沿着稀奇古怪大街，向稀奇古怪广场走去。

今天的稀奇古怪广场，简直就是一个美食新天地——

黑熊警长带来了100瓶啤酒。"这是我为第100届美食节，用麦芽汁做成的100瓶啤酒，"黑熊警长说，"能做出这么清凉爽口的啤酒，酵母菌功不可没。"

牛小顿听到"酵母菌"三个字，眼前一亮："制作啤酒竟然也是酵母菌的功劳？"

"对呀，"黑熊警长点点头，"我在麦芽汁里放入啤酒酵母，麦芽汁发酵、过滤后，就能得到琥珀色的生啤酒了。"

正说着，怪博士推着手推车来了，手推车上放着一个大箱子。他故作神秘地对大家说："我带来的美食可不一般哦！"

牛小顿打开箱子看了看，不以为意地撇撇嘴："这不就是牛肉嘛！"

"不，不！"怪博士笑着摆摆手，"这可不是一般的牛肉，这是大豆蛋白肉，也称'人造肉'。"怪博士接着解释道："我为第100届美食节，用大豆做了100斤人造肉。别看是人造肉，它富含蛋白质、氨基酸、维生素和各种矿物质，营养比真肉还要高很多呢。而且，人造肉不含胆固醇，高血压、冠心病等病人也可以放心大胆地吃。"

大家对怪博士简直佩服得五体投地："能用大豆做出人造肉，您可真有本事！"

"有本事的不是我，"怪博士连连摇头，"是这些小小的酵母菌，它们可是制作人造肉的大功臣！"

到了晚上，美食节落下帷幕。这次美食节，比以往的美食节多了一个评选环节，需要评选出谁是厨房里最会给人们制作美食的大功臣。

到底谁是厨房里的大功臣呢？

当然是个头很小很小，本事却很大很大的酵母菌咯！

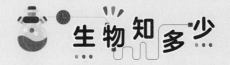

生物知多少

小朋友，你可能不认识酵母菌，但它制作出来的美食你肯定爱吃——香甜的面包、蓬松的馒头、醇香的米酒，还有营养丰富的"人造肉"。

有些微生物只能在有氧的环境中生存，有些微生物只能在无氧的环境中生存。可酵母菌不一样，它的生命力十分顽强，不管有氧无氧，它都能快快乐乐地生活。在有氧环境中，酵母菌能迅速出芽繁殖，并进行有氧呼吸，把葡萄糖代谢生成二氧化碳和水；在无氧环境中，酵母菌会进行无氧发酵，把葡萄糖转化成二氧化碳和乙醇（酒精），并且产生能量。

另外，酵母菌还有一个"过人之处"，它本身就含有丰富的营养，比如维生素B、蛋白质、碳水化合物、脂类、钙、磷、铁等营养物质，简直就是个取之不尽的"养料包"。

小小酵母不仅是厨房里的大功臣，而且还是科学家们的好帮手。因为它们生长旺、繁殖快，科学家们还把酵母菌改造成细胞工厂，用来生产人类需要的化合物，速度快、产量高。比如用改造过的酵母菌生产胰岛素，高效又环保，挽救了数以亿计糖尿病患者的生命。

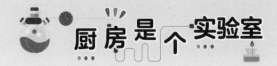

厨房是个实验室

小酵母大力士

🔍 实验准备

玻璃瓶3个　干酵母　白糖　小勺　气球3个　温水　冷水

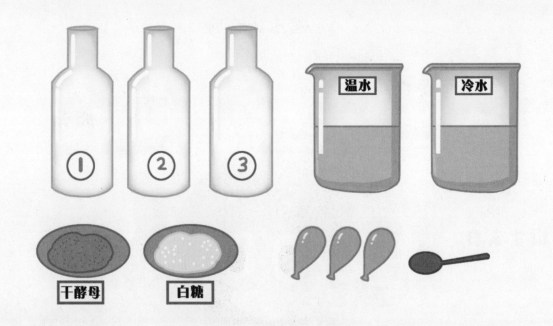

🧪 实验步骤

（1）把3个玻璃瓶分别编号①、②、③。

（2）往①号和②号玻璃瓶中倒入温水，往③号玻璃瓶中倒入冷水。

（3）在3个玻璃瓶中，分别加入3勺糖，然后摇匀。

（4）用小勺分别往②号和③号玻璃瓶中放入 5 勺酵母，摇匀。

（5）分别在 3 个玻璃瓶瓶口套上气球。

（6）1 小时后，观察发现：①号玻璃瓶瓶口气球没变化，②号玻璃瓶瓶口气球鼓起得很饱满，③号玻璃瓶瓶口气球略微鼓起。

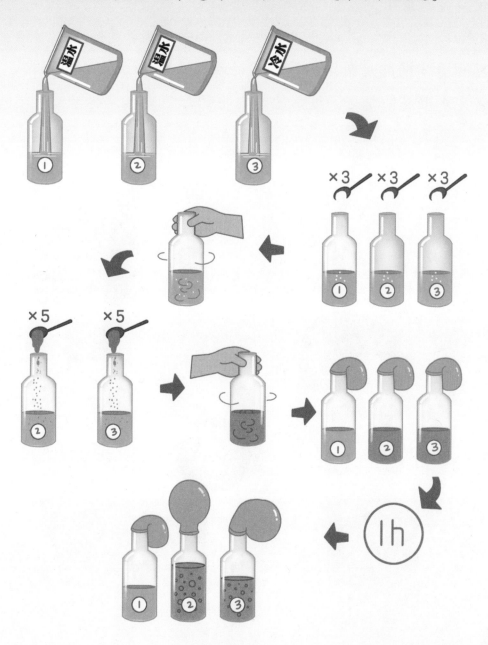

酵母菌喜欢"吃糖"，酵母在"吃糖"的过程中，产生二氧化碳气体。有了这些二氧化碳气体，小酵母就像大力士一样，把瓶口的气球吹得鼓起来了。

和冷水相比，温水更容易把干酵母中的酵母菌唤醒、激活，使其繁殖出更多的酵母菌，吃掉更多的糖，产生更多的二氧化碳。不过，并不是水温越高越好，过热的水会把酵母菌烫坏，酵母菌就不能"吃糖"产气了。30℃左右的温水最合适。

采蘑菇小分队

蘑菇

  雨过天晴，稀奇古怪森林里长出了好多小伞一样的蘑菇。怪博士采了一大篮五颜六色的蘑菇，有的红艳艳，有的蓝莹莹，有的白灿灿，有的黄澄澄……哪些蘑菇是鲜美的食用菇？哪些蘑菇是可怕的毒蘑菇呢？

雨过天晴，稀奇古怪森林里长出许许多多小伞一样的蘑菇。

身为"菌类专家"的怪博士兴冲冲地跑进森林，采了满满一大篮五颜六色的蘑菇。回到家，他挑出几种蘑菇，放进锅里，熬了一大锅蘑菇汤。

蘑菇汤又香又鲜，怪博士可不想一个人享用美味，于是，他打电话叫来嘟嘟国王、急匆匆先生、慢吞吞小姐、牛小顿和胖公主。

刚一进屋，嘟嘟国王闻到香味儿就馋得口水滴答："这是什么汤？竟然如此鲜美！"

"是蘑菇汤，"为了让大家看清楚美食的真面目，怪博士从厨房里拎出那一大篮蘑菇，"瞧！这些都是蘑菇。"

篮子里的蘑菇五颜六色，有的红艳艳，有的蓝莹莹，有的白灿灿，有的黄澄澄。模样也各不相同，有的像小伞，有的像圆球，有的像纱裙，有的像小蛇，有的毛茸茸的像个猴脑袋……

"它们长相并不一样哇！"牛小顿很好奇，"难道它们都叫'蘑菇'吗？"

"对呀，就好比说我们都是'人'，但我们每个人的性格、长相也都不一样。"怪博士笑着解释道，"蘑菇和霉菌、酵母菌一样，是真菌。只是，它们的个头比较大，大多数用眼睛就能看到。蘑菇是个大家族，种类实在是太多了。目前，世界上已知的蘑菇约有 16 万种。不过，只有约 1.6 万种蘑菇有名字，只有约两千多种蘑菇能吃。"

"十几万种蘑菇，能吃的只有两千多种，"胖公主感慨道，"好少啊！"

怪博士点点头："很多蘑菇是有毒的，不能吃，只有像我这样的'菌类专家'才能分辨出哪种蘑菇能吃、哪种蘑菇不能吃，所以……"怪博士突然脸色一变，非常严肃地对大家说："一定、一定不能随便采蘑菇吃！"

怪博士说完，给每人盛了一碗蘑菇汤。

"真好喝！"急匆匆先生低头喝了一口汤，忍不住问，"那么，哪些蘑菇能吃呢？"

怪博士放下汤勺，从篮子里挑出几种小蘑菇，摆在桌子上，然后，一一给大家介绍：

"这些都是能吃的蘑菇。瞧，这个叫猴头菇，它小时候是白色的，成熟后变成黄棕色，样子毛茸茸的，就像金丝猴的脑袋，所以人们给它起名叫'猴头菇'。猴头菇味道鲜美，非常有营养，人们把它看作是'胃肠保护伞'。

"这个叫羊肚菌。它的小帽子是黄褐色的，上面布满了凹凸不平的网格，像不像我们吃火锅时看到的羊肚？羊肚菌营养丰富，人们常说'天下有奇珍，金堂羊肚菌'。

"这个白白的、圆溜溜的，像排球一样的大蘑菇，叫'马勃'。据说，人们发现的最大马勃直径足足有1.5米。马勃没有成熟时很鲜美，味道有点儿像豆腐。成熟后的马勃变身成灰色的'马屁包'，用手一戳，从里面会冒出一股黄褐色的孢子气流，像放屁一样。

羊肚菌

猴头菇

"这个是号称'菌中皇后'的竹荪。它长相美丽，雪白的菌柄，飘逸的菌裙，就像是一个穿着白纱裙的小姑娘。说它是'皇后'，不仅仅因为它长得好看，还因为它的味道鲜美，天下无敌！人们经常把竹荪、猴头菇、香菇、银耳并称为'四珍'。"

怪博士说得津津有味，最后，他指着拣出来的一堆小蘑菇说："除了刚才介绍的几种蘑菇，杏鲍菇、茶树菇、鸡油菌、松茸、平菇、金针菇等都是人们餐桌上常见的食用菇。"

牛小顿突然在篮子里发现了一朵美丽的蘑菇，鲜红色的帽子上还点缀着好多白点点。他刚要伸手去拿，怪博士忙拦住他，说："别动！这朵蘑菇有剧毒！别看它外表艳丽迷人，毒性却很大，它的名字叫毒蝇鹅膏菌，又称毒蝇伞。看到它，一定要离得远远的。"

大家听得热血沸腾，跃跃欲试。嘟嘟国王建议："我们成立一个采蘑菇小分队，去森林里采蘑菇怎么样？"

"这可不行！"怪博士强烈反对，"你们会分辨哪些蘑菇没毒，哪些蘑菇有毒吗？"

牛小顿抢着说："我知道，我发现好多能吃的蘑菇，颜色都很平淡。而有毒的蘑菇，颜色很鲜艳。"

怪博士摇摇头："可不能'以色取菇'哟！瞧，这个白毒伞，颜色洁白，长相普通，闻一闻，还有淡淡的清香，可它却是世界上毒性最强的蘑菇之一。而这个橙盖鹅膏菌，长着鲜艳的橙黄色菌盖和菌柄，却是安全无毒的美味。"

竹荪

毒蝇鹅膏菌

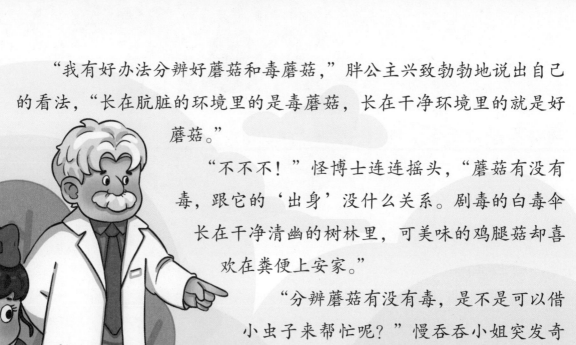

"我有好办法分辨好蘑菇和毒蘑菇，"胖公主兴致勃勃地说出自己的看法，"长在肮脏的环境里的是毒蘑菇，长在干净环境里的就是好蘑菇。"

"不不不！"怪博士连连摇头，"蘑菇有没有毒，跟它的'出身'没什么关系。剧毒的白毒伞长在干净清幽的树林里，可美味的鸡腿菇却喜欢在粪便上安家。"

"分辨蘑菇有没有毒，是不是可以借小虫子来帮忙呢？"慢吞吞小姐突发奇想，"买菜时，我喜欢挑被虫子咬了几口的青菜，说明这菜没有农药。蘑菇也是一样，被小虫子咬过的，是不是就没毒呢？"

白毒伞

"可别这么想！"怪博士又是反对，"有些毒蘑菇对昆虫无害，可对人却有致命伤害。比如豹斑鹅膏菌是鼻涕虫的美味佳肴，但人吃了就会中毒。"

可是，嘟嘟国王和急匆匆先生很固执，根本不听怪博士劝说，放下筷子就要去森林采蘑菇。

怪博士无可奈何地叹了一口气："唉！如果你们一定要去，我提醒你们一定要注意'三熟'。"

"一是，蘑菇种类要记熟；二是，吃蘑菇前要煮熟。"怪博士说完，故意停顿了一下。

"那么，三是什么呢？"两人追问。

怪博士答："三是，去医院的路，一定要记熟！"

鸡腿菇

橙盖鹅膏菌

生物知多少

　　小朋友，你知道世界上最大的生物是什么吗？是大象？是蓝鲸？不！都不是！世界上最大的生物竟然是蘑菇！在美国俄勒冈州一座森林公园里，有一种不起眼的土黄色小蘑菇，叫"超级蜜环菌"，它们都是从一个巨大的"母体"上长出来的"肢体"，这个母体足足有一千多个足球场那么大！

　　蘑菇是真菌的一种，靠菌丝吸收土壤或枯枝败叶中的养料为生。它们不能进行光合作用，因此不是植物。

　　蘑菇长得像一把雨伞。最上面像伞面一样的，叫菌盖；伞里面的皱褶部分，叫菌褶；下面像伞柄一样的，叫菌柄；菌褶里藏着大量的孢子，风一吹，孢子就会飞向四面八方，遇到适宜的环境，孢子便萌发出菌丝，慢慢长成新的蘑菇。

　　很多可食用蘑菇营养丰富，富含维生素、矿物质和膳食纤维等，蛋白质含量更是超过大多数蔬菜，有"植物肉"的美称。另外，蘑菇中还含有多种可溶性糖和呈味氨基酸，所以，即使什么都不加，用蘑菇做成的汤和菜也能鲜香可口。

　　不过，蘑菇品种繁多，不少蘑菇有剧毒，千万不能随便采蘑菇吃呀！

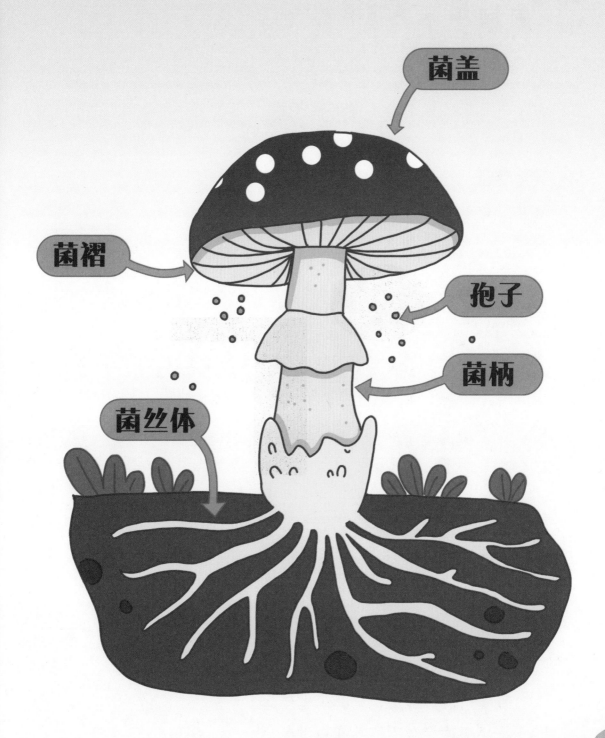

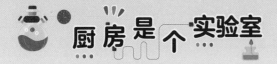

孢子印章

🔍 实验准备

香菇　口蘑　白卡纸　黑卡纸　2个杯子

🧪 实验步骤

（1）用手把香菇和口蘑的菌柄轻轻掰掉，注意不要损伤到菌褶。

（2）把香菇和口蘑菌盖周围部分去掉，露出里面的菌褶。

（3）将香菇菌褶向下，放在黑卡纸上。

（4）将口蘑菌褶向下，放在白卡纸上。

（5）用2个杯子分别倒扣在香菇和口蘑上。

（6）10 小时后，打开纸杯和菌盖。

（7）仔细观察，发现黑卡纸和白卡纸上留下了与菌褶纹理一样的孢子印。

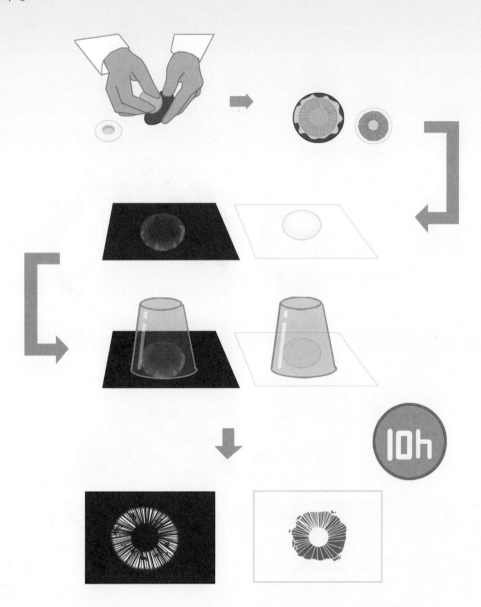

孢子印是由菌褶里的孢子散落沉积而成。孢子又小又轻，在菌盖上倒扣杯子，可以防止孢子掉落后飘到空气中。

很多蘑菇菌褶的形状和孢子的颜色会有不同，于是，孢子在卡纸上留下的印记形状和颜色也就不同。所以，孢子印就像是蘑菇的身份证一样，用孢子印可以鉴别常见蘑菇的种类。